最强壮的树

The STRONGEST TREE

Gunter Pauli
冈特·鲍利 著

李康民 译 李佩珍 校

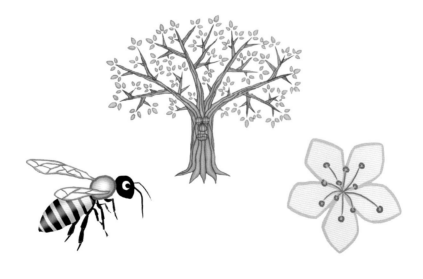

学林出版社

丛书编委会

丛书出版委员会

目 录

COntEnT

在这座森林里，我怎样才能成为最强壮的树？

　　我身上的叶子越多，我从太阳得到的能量就越多。

　　我身上的叶子越多，掉到地上的落叶也就越多。

　　蚂蚁、真菌和蚯蚓会把落叶变成新的食物给我。

How can I be the strongest tree in this forest? And the more leaves I have, the more energy I get from the sun. The more leaves I have, the more leaves that will drop to the ground. Ants, fungi and earthworms will convert the leaves into new food for me.

在这座森林里，我怎样才能成为
最强壮的树？

How can I be the strongest tree in this
forest?

飞来的鸟儿越多，鸟粪就积得越多……

The more birds, the more droppings...

我的食物越多，我结的果子就越多；

我结的果子越多，飞到我这儿来的鸟儿就越多。

飞来的鸟儿越多，鸟粪就积得越多。

鸟粪积得越多，土壤里的细菌就越多。

The more food I have, the more fruits I can grow.

The more fruits I grow, the more birds will visit me.

The more birds, the more droppings; and

The more droppings, the more bacteria in the soil.

土壤里的细菌越多，雨水中的食物就越多。

　　水里的食物越多，芬芳的花儿就越多。

　　花儿越多，嗡嗡叫的蜜蜂就越多。

　　蜜蜂越多，它们传授的花粉就越多，种子就结得越多。

The more soil bacteria, the more food in rain water.

The more food in the water, the more flowers.

The more flowers, the more bees.

The more bees, the more pollination, and the more seeds.

土壤里的细菌越多，
雨水中的食物就越多

The more soil bacteria, the more food
in rain water

我和我的家族将会是森林里
最强壮的树

My family and I will be the strongest in
the forest

种子越多，我们就可以繁殖得越多！

我和我的家人将会是森林里最强壮的树。

每种生物都给了我许多许多礼物，

这些礼物都是用它们不需要的东西或者废物做成的。

The more seeds, the more we can all multiply!

My family and I will be the strongest in the forest.

Everyone gives me many gifts that have been made from things that were not needed or were waste.

所有生物的活动都促进了我的生长，使我成长为最强壮的树——

　　尽管它们有的很小，

　　有的很丑陋，

　　有的我不喜欢，因为我分不清它们哪是头哪是尾。

All of these actions contribute to me being the strongest – even though some are small, some are ugly and some I don't like because I can't tell their heads from their tails.

所有生物的活动都促进了我的生长，
使我成长为最强壮的树

All of these actions contribute to me
being the strongest

假如我把蚯蚓轰走……

If I were to chase away the
earthworms...

假如我把蚯蚓轰走，

只因为我不喜欢或不了解蚯蚓，

我就永远不可能成为最强壮的树。

If I were to chase away the earthworms because I do not like or understand them, I can never be the strongest.

假如我把自己不需要的东西赠送出去，我就会得到很多很多。

而且，当我们在一起生长，我们都能成为最棒的。

If I give away what I don't need anyway, I get a lot. And all together, we can all be the best.

当我们在一起生长，我们都能成为
最棒的

All together, we can all be the best

最强壮的树把它不需要的
东西送给别的生物……

The strongest tree gives what it does not
need...

最强壮的树把它不需要的东西送给别的
生物，

又从其他生物那里得到它们不需要的东
西。

The strongest tree gives what it does not
need and receives back from others what they
do not need.

这棵树懂得，每种生物都给了它帮助，无论它们是大的还是小的，是美的还是那些在树的眼里可能曾经认为是丑的。

……这仅仅是开始！……

The tree knows that everyone helps, no matter how big, or small, beautiful or even those the tree perhaps thought were ugly.

... AND IT HAS ONLY JUST BEGUN! ...

……这仅仅是开始！……

... AND IT HAS ONLY JUST BEGUN! ...

你知道吗？

在大气层的形成和维护过程中，树木和植物扮演着关键的角色。这些生物白天吸收空气中的二氧化碳，并通过光合作用把它们转化为氧气。

栽种树木，不仅美化了环境，也有益于我们的健康。这些树木会过滤不洁的空气，产生水分，但它们不能单独地完成这一过程，还需要其他物种的密切协助。

　　树干的年轮告诉人们这棵树的年龄。每一圈代表一年的生长。间隔宽大的那一圈一定是个好年份，树木生长得肯定特别旺盛。

　　在生态系统中并没有真正意义上的"废物"。每种遗弃物都是另一种生物的食物来源。昆虫吃树叶，鸟吃昆虫，鸟再被大一点的动物吃掉。死亡的生物被分解者（像真菌和细菌）分解，变成无机物，又被草木吸收。

　　落叶和枯枝是蕴育未来森林的基础。这种有机物不可缺少，因为它所包含的营养会再次融进土壤。假如没有这种有机物的循环，大地就只是岩石和沙粒。蚯蚓、蚂蚁、真菌和细菌是把落叶转化成腐化物质的主要功臣。

你认为是什么原因
使得这棵树想要变得更
强壮?

由于周围生物的帮助
这颗树变得更强壮了,你
认为它会感到快乐吗?

你认为树把它不需
要的东西提供给别的生
物,又从它们那里得到
需要的东西,这很重要
吗?

即使最小的或最丑陋的
生物，也会因为帮助这棵树变
得更强壮而感到自豪，你觉得
是这样吗？

你认为只讲给予，
不求索取是一种可贵的
品质吗？

当这棵树感到自己最强壮的时候，还有谁也变得
更强壮了？

自己动手！ DO IT YOURSELF!

　　分析这样几件事情：食物、个人的体验以及你从别人那里得到的感受，还有你从自然环境中得到的启示。这些事情如何帮助你茁壮成长？请用最具创意的方法表达你对这一切的感激之情。你可以写一封信、唱一首歌、画一幅画。与你的朋友和家人分享吧！

学 科 知 识
Academic Knowledge

生物学	(1)每一种树都有其独特的微生态系统，有特别的物种与其共生。(2)菌类为树木制造表土和腐殖质。(3)细菌能增加降落在地表的雨水中的养分。(4)排泄物能提高土壤的肥力。(5)植物如何确保授粉作用？
化 学	(1) 土壤的酸碱度。(2)叶绿素。(3)蚯蚓产生的抗生素。
物 理	雨水在环境温度下为何无法渗入没有森林覆盖、暴晒在太阳下、地表温度很高的土地？
工程学	"应用垃圾填埋场和在集中处理站处理废物"还是"在当地回收资源并把它们变成有用的产品"？
经济学	专业化的系统成本，即把原材料运送到集中地生产，再把产品运到用户那里。
伦理学	每个物种都作出了贡献，包括那些我们不喜欢、或者我们还不了解能作什么贡献的物种。
历 史	对达尔文"适者生存"的进化理论的误读。达尔文用了"最适者"这个词，实际是说，比其他物种更适应，这是他的原意。达尔文认为，那些最具有灵活性、能够适应环境变化的生物，才能生存下去。
地 理	欧洲的河流清洁，以及热带雨林的毁灭。
数 学	这个故事对于开展数学建模活动是很理想的。
生活方式	(1) 我们不断排斥自己不认识或不知道的那些人。(2) 练习一下带礼物给要拜访的人。
社会学	我们生活在一个相互依存的世界里。没有互相依存，我们也无法独立自主。
心理学	独自一人永远不会感到坚强，与培育你的人和你培育的人在一起，你才会感到坚强。
系统论	没有人靠他自己就能变得强大；一个人要变得强大离不开别人的帮助。无论如何，在我们变得强大时，要使系统中看似很柔弱的人也变得强大。

情 感 智 慧
Emotional Intelligence

树

　　树正在经历一次发现之旅。一开始他并不知道它有多大的潜力成为森林中那棵最强壮的树。他不断地观察周围环境，考虑微生态系统中的每一件事情，没有发现什么令人惊奇的东西。他焦急地想知道怎么才能长得强壮，开始他只考虑自己，后来又开始考虑它和它的家人如何才能成为森林中最强壮的树。树没有见到贫穷和饥饿，他认识到每个物种都为他的成长作出了贡献。他受到越来越多的激励，并准备学习成为优秀者所需要的一切。树仔细地观察那些为他作了贡献而又不求回报的物种。他对周围的每个物种表现出了极大的尊重，也收获了尊重。他意识到需要给不起眼的物种以尊重，必须敏感地察觉每个物种（特别是那些不常见或不熟悉的物种）所作的贡献。

思 维 拓 展
Systems: Making the Connections

让我们来了解一下一个城市处理废物的流程吧！家里的废物用塑料包收集起来，然后被运到垃圾填埋场或焚烧炉。假如用焚烧炉处理的话，焚烧后的灰烬还要打包运到填埋场去。设想一下，树的叶子被装进塑料袋，运到垃圾场。然后，蚯蚓、蚂蚁和菌类也必须要搬到垃圾场去生活。在它们生产出树木非常需要的腐殖质后，腐殖质还要回到树木那里。这个系统不仅效率低、成本高，还会造成严重的交通阻塞！我们设计的这种废物管理系统流程正在削弱社区的整体功能。而自然界中的废物管理系统无所不包，因为没有东西被认为是废物。一切都是资源，随时准备被转化成对其他生物有用的东西。在这一涉及每一种生物的流程中，即使是微不足道的、很少有人了解的生物都承担了一个角色。这有点像是一个全员用工策略，完全不同于我们的经济体系。在我们现行的体系中，我们不得不接受包括年轻人在内的劳动力大军失业的现实。树的故事表明，为了成为最强壮的树，它需要所有生物的帮助。也许我们必须像树一样来设计我们的家……让我们展开梦想、实现梦想吧！

动 手 能 力
Capacity to Implement

比较一下你的家和一棵树这两个系统。你能看出它们是如何关照各自所有成员的需要吗？这是一种很好的练习，因为它会带给我们许多实际的想法，来把我们现有的废物管理系统设计成为不再有废物这一概念的生产系统。废物是我们还不知道怎么利用的资源。

艺 术
Arts

你能想象一下一棵树以及它周围的生物吗？利用这个故事创作一个剧本，给已知的生态系统的每个成员构思一个角色。

译者的话
Words of Translator

这是冈特·鲍利写的第一则童话故事，写于 1997 年。进化论的创立者达尔文有一句名言："适者生存。"但许多人却由此被误导，以为进化就意味着你死我活的残酷竞争，因为不可能每个人都成为最适者。《最强壮的树》则向我们传达了另一种信息：人类应该向大自然学习，地球上存在着生物的多样性，各类生物相互依存，共生共栖，共同发展。

故事灵感来自

梅尔瓦·伊内斯·阿里斯蒂萨瓦尔

Melva Ines Aristizabal

哥伦比亚副总统办公室的资料显示，在哥伦比亚，智障人士占人口的 10%-20%。在波哥大，智障人士占 17%，其中约有 60% 的人在 5 岁到 8 岁之间。数字背后隐藏着这样的事实：只有少数人乐于帮助他们。但在卡尔达斯州的彭西尔瓦尼亚，情况却截然不同。梅尔瓦·伊内斯·阿里斯蒂萨瓦尔——一位高级师范学校的教师在十多年前就开始改写这一地区居民的历史。

在马尼萨莱斯大学完成了特殊教育（侧重于智障）的学业之后，梅尔瓦·伊内斯把那些因患智障而躲在家里的孩子（大多数是居住在市区的幼儿）带出来参加城里的各种活动。

为了完成这一任务，她召集了 20 多位教师，就学习问题和智障问题为彭西尔瓦尼亚乡村地区教师写了一本指导书，创造了一种教孩子读和写的教育方法，为特殊人群建立了完整的康复计划。

梅尔瓦·伊内斯教孩子的父母和该地区的其他居民如何接纳这些孩子，让他们融入日常的生活。这一旨在打破隔阂的建议提高了特殊儿童的自尊和自治能力，因为他们可以自由地和其他孩子相互交流，这在过去的十年从没有过。

梅尔瓦·伊内斯由于她的出色工作获得了 2003 年度哥伦比亚全国优秀教师奖。

网页

* http://elpais-cali.terra.com.co/historico/mar232004/VIVIR/C523N1.html

* http://www.elespectador.com/2003/20030914/joven-es/nota2.ht

图书在版编目（CIP）数据

最强壮的树 ／（比）鲍利著 ；李康民译 . －－ 上海 ：
学林出版社，2014.4
　（冈特生态童书）
　ISBN 978-7-5486-0659-8

Ⅰ . ①最… Ⅱ . ①鲍… ②李… Ⅲ . ①生态环境 － 环
境保护 － 儿童读物 Ⅳ . ① X171.1-49

中国版本图书馆 CIP 数据核字 (2014) 第 020952 号

- -

ⓒ 1996-1999 Gunter Pauli
著作权合同登记号 图字 09-2014-041 号

冈特生态童书
最强壮的树

作　　者——冈特·鲍利
译　　者——李康民
策　　划——匡志强
责任编辑——李晓梅
装帧设计——魏　来
出　　版——上海世纪出版股份有限公司学林出版社
　　　　　　（上海钦州南路 81 号 3 楼）
　　　　　　电话：64515005 传真：64515005
发　　行——上海世纪出版股份有限公司发行中心
　　　　　　（上海福建中路 193 号 网址：www.ewen.cc）
印　　刷——上海图宇印刷有限公司
开　　本——710×1020　1/16
印　　张——2
字　　数——5 万
版　　次——2014 年 4 月第 1 版
　　　　　　2014 年 4 月第 1 次印刷
书　　号——ISBN 978-7-5486-0659-8/G · 223
定　　价——10.00 元

（如发生印刷、装订质量问题，读者可向工厂调换）